黃河之水天上來 黃河

檀傳寶◎主編　馮婉楨◎編著

中華教育

安塞腰鼓
陝北高原的安塞腰鼓震撼人心，展示了黃土高原人民樸素和豪放的性格。

巴顏喀拉山
黃河是中國第二長河，它起源於青藏高原的巴顏喀拉山，就像一條騰飛的巨龍流經九個省區。

小麥

都説黃河是我們的母親河，你知道為甚麼嗎？它在地圖上看起來像一條龍嗎？幾千年前，我們的祖先都生活在這裏嗎？讓我們一起沿着黃河，聽一聽「龍」的傳説⋯⋯

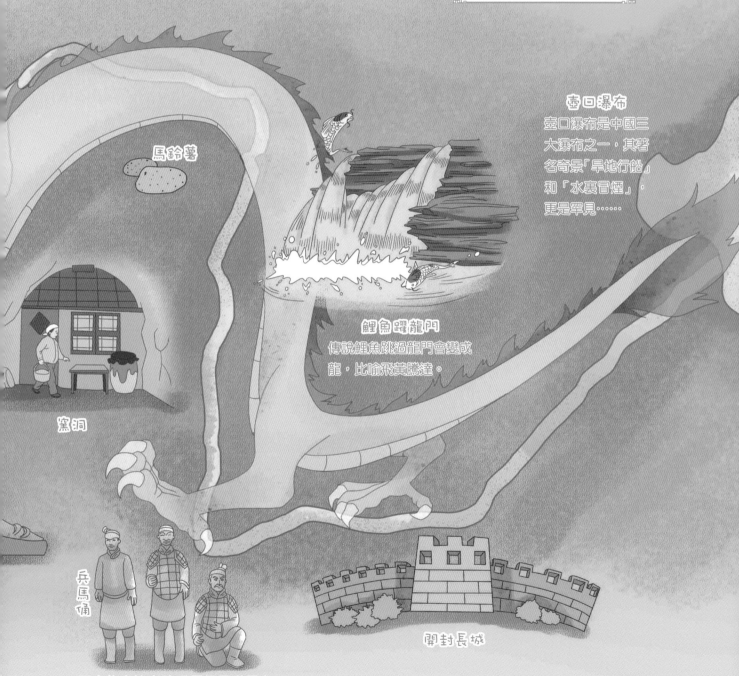

馬鈴薯

壺口瀑布
壺口瀑布是中國三大瀑布之一，其著名奇景「旱地行船」和「水裏冒煙」，更是罕見⋯⋯

鯉魚躍龍門
傳説鯉魚跳過龍門會變成龍，比喻飛黃騰達。

窰洞

兵馬俑

開封長城

西安的秦始皇陵兵馬俑是世界上最大的地下軍事博物館。

聽「龍」的傳說

龍行中國

龍是中國人的圖騰之一。有一條龍，牠躬起腰背，正準備騰躍而起！

在中國版圖上飛騰的這條巨龍的名字叫「黃河」。

黃河，是中國第二長河，發源於青藏高原，自西向東流經青海、四川、甘肅、寧夏、內蒙古、陝西、山西、河南和山東 9 個省（自治區），最後流入渤海。

甘肅省

青海省

▶黃河上游：河水純淨、安寧

除了像一條穿越騰飛的巨龍，黃河還像甚麼呢？

一條飛舞的黃色緞帶；

一個巨大的「几」字；

⋯⋯⋯⋯

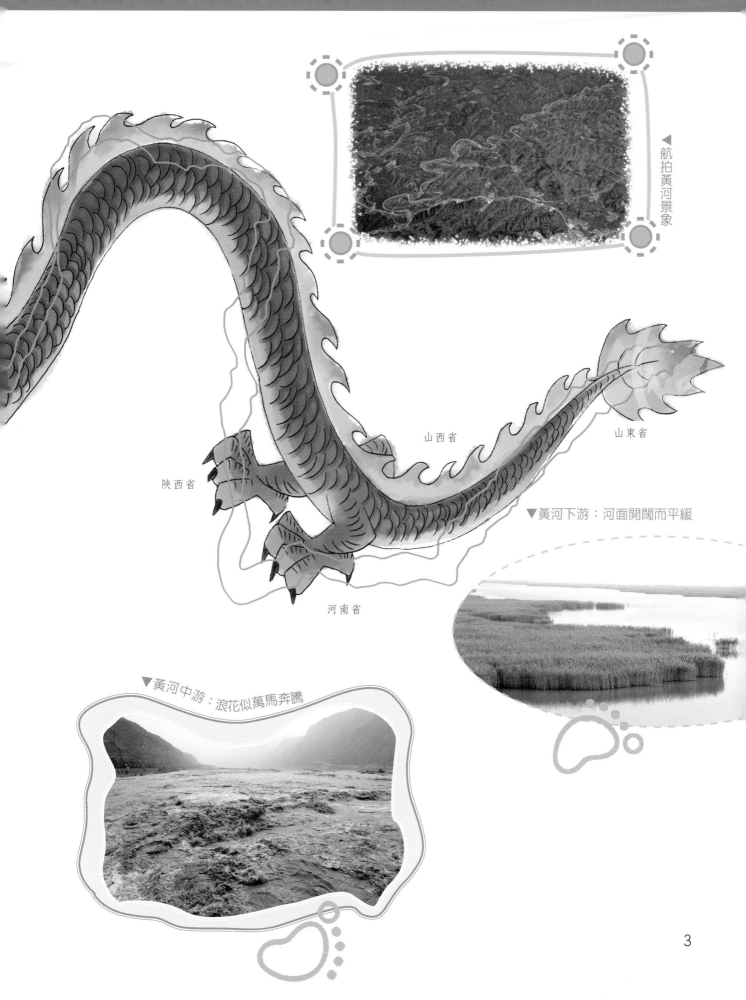

陝西省

山西省

山東省

▼ 黃河下游：河面開闊而平緩

河南省

▼ 黃河中游：浪花似萬馬奔騰

九曲十八彎

從青藏高原出發時，黃河好像是一條瘦小的幼龍。牠既留戀自己在青藏高原的家，一步三回頭；又好奇外面的世界，一路往東……就這樣，黃河九曲十八彎，彎彎繞繞……

黃河最大的一個彎，彎出了美麗富饒的河套平原。民間說「黃河百害，唯富一套」，其中的「套」指的就是河套平原。這裏地勢平坦、灌溉便利，因此農業發達、牧業興旺，被稱為「塞上江南」，也是中國重要的糧食生產基地之一。

你能數得清黃河一共有幾道彎嗎？

▼河套平原

▲在落日的餘暉下，彎彎繞繞的黃河迷人溫婉

金壺倒酒

人們說黃河有一把「金壺」，長年倒出醇香的黃酒，迎接天下人。

這就是壺口瀑布。

如果你站在壺口，你就會看到那瀑布像酒水一樣倒出，聽到那如雷鳴般轟隆的水聲。它似乎在說：「來吧，不要讓大地的嘴脣乾涸！不要讓勇敢的心靈疲憊！」

壺口瀑布

傳說，龍王就住在壺底的龍宮裏。龍宮門口還有一個長長的 10 里龍槽……

春秋兩季，河水傾倒，壺底升騰出水霧薄煙，陽光照射，彩虹飛出，似乎真的有龍從壺底升騰而出。

冬天瀑布結冰時，整個壺口看起來更像是莊嚴美麗的龍宮！

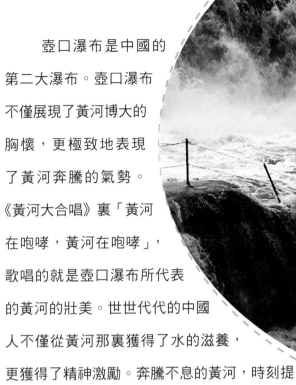

　　壺口瀑布是中國的
第二大瀑布。壺口瀑布
不僅展現了黃河博大的
胸懷，更極致地表現
了黃河奔騰的氣勢。
《黃河大合唱》裏「黃河
在咆哮，黃河在咆哮」，
歌唱的就是壺口瀑布所代表
的黃河的壯美。世世代代的中國
人不僅從黃河那裏獲得了水的滋養，
更獲得了精神激勵。奔騰不息的黃河，時刻提
醒着中華民族團結、奮進！

風在吼，馬在叫，
黃河在咆哮，
黃河在咆哮，
…………
——《黃河大合唱》

鑿開龍門

幾千年前，黃河水經常氾濫。為了解決黃河水患問題，大禹帶領民眾從積石山開始，一路開鑿築堤，導引河水。到了龍門山，人們發現黃河水只在峽谷中激蕩回旋，卻無出口，很容易氾濫。於是，大禹帶領大家在龍門山上鑿出了一個約八十步的出口。出口一開，被束縛在高山峽谷中的河水奔湧而出，浪打礁石，咆哮激蕩，形成了「龍門三激浪，平地一聲雷」的奇觀。今天，人們把這個出口叫龍門，也叫禹門，以紀念大禹治水的偉大貢獻。

▲歷史上很多文人墨客都曾經揮墨龍門。李白曾有詩云：「黃河西來決崑崙，咆哮萬里觸龍門。」

傳說大禹為了治理洪水，曾經三過家門而不入。他身體力行參與實際治水工作，歷時 13 年，終於取得了治水的勝利，也獲得了百姓的擁戴。

鯉魚跳龍門

傳說，每年 3 月黃河裏的鯉魚會逆流而上，游向龍門。到了龍門口，牠們爭相跳躍，試圖跳過高高的龍門。因為跳過龍門的鯉魚會變成龍，獲得一個全新的生活。鯉魚爭先恐後地跳龍門，牠們紅色的尾巴甩得黃河水看上去都成了紅色。可惜的是，每年只有 72 條鯉魚能夠跳過龍門。跳不過去的鯉魚額頭上會留下一道黑疤，成為普通的鯉魚……

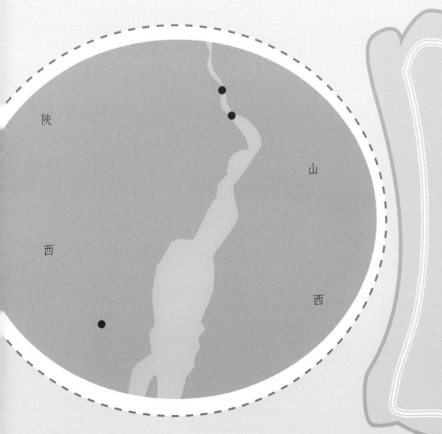

龍門，就像是黃河的咽喉。黃河水從龍門經過時，河流被夾在兩岸高山中間，河面不足 40 米。湍急的黃河水破「門」而出後，河面迅速變寬，水位隨之大幅下降，形成了一瀉千里的景觀。用當地百姓的話來說就是「龍門三跌水」。所以，黃河鯉魚要躍過龍門真不是一件容易的事情。

陝

西

山

西

今天，「魚躍龍門」表達了中國人對美好生活的期望，也象徵着一種奮發向上、不懼逆流的精神。這裏有一張印有魚躍龍門圖案的明信片，你會把它寄給誰呢？寫上你的祝福語吧！

黃河鯉魚，又名「龍魚」，金鱗紅尾，體型如梭，是我國四大名魚之一。以黃河鯉魚為原材料製作成的「鯉魚焙麵」「糖醋鯉魚」等菜餚享譽中外。

◀糖醋鯉魚

▼鯉魚焙麵

家在黃河邊

母親河

在甘肅省蘭州市的黃河岸邊，矗立着一尊名為「黃河母親」的雕塑。這尊雕塑在國內外都十分有名。她形象地告訴了我們「黃河母親」是怎樣的慈愛與美麗。

來想像一下，我和我的孩子會有怎樣的故事呢？

長期以來，中國人都將黃河視為母親河。你知道這是為甚麼嗎？

遠古時，中國的先民生活在黃河流域。這裏氣候温和，水源充沛，適合人們生存。中華文明初始階段的夏、商、周三代，以及後來的西漢、東漢、隋、唐等幾個強大的統一王朝，其核心地區都在黃河中下游一帶。中國古代的科學技術、城市建設和文學藝術等成就中很多都產生於黃河周圍。這使得黃河流域擁有了豐富的歷史文化。後來，隨着黃河流域人口的外遷，黃河流域的文化也傳播到了全國各地。所以說，黃河孕育了中華文明，哺育了中華兒女，是中華兒女的母親河。

尋根拜祖

近年，每年的農曆三月初三，都會有來自美國、澳洲、新加坡、泰國等國家的華僑華人，以及中國香港、中國澳門、中國台灣等地區的很多遊客，聚集到黃河下游南岸一個不起眼的小縣城——新鄭。那麼，是甚麼吸引他們來到新鄭呢？

祭祖典禮全景

軒轅黃帝

原來，相傳黃帝就出生在今天的新鄭一帶。黃帝在新鄭建立了都城。黃帝統治期間，大力發展農業，創建曆法和醫學，發明養蠶製衣等，創建了最初的華夏文明，使遠古社會的文明達到了當時的鼎盛水平。

中國民間一直流傳着這樣一句話：「二月二，龍抬頭；三月三，黃帝生。」從春秋戰國時期開始，人們就有赴新鄭祭拜黃帝的風俗。現在，每年農曆三月初三，黃帝出生的日子，人們仍然會祭拜華夏兒女共同的先祖黃帝。一些遠居海外的華僑華人也會在三月初三這一天專門趕赴新鄭，參加隆重的祭祖大典。

▲新鄭黃帝故里內景

除了黃帝以外，華夏兒女還有另外一位始祖——炎帝。炎帝也是遠古時期華夏部落的首領之一。傳說他發明了農具耒耜，帶頭種植五穀，首先開闢了市場，第一個用麻製布作衣，還發明了弓箭、五弦琴和陶器等，大力推進了當時的社會發展。後來炎帝部落和黃帝部落結為聯盟，逐漸發展成了統一的華夏族。這就是許多中國人常說自己是「炎黃子孫」的緣故。

▲黃帝故里中的壁畫，展示的是黃帝、炎帝結盟的場景

◀河南省鄭州市黃河岸邊矗立着炎黃二帝的雕像

我們的姓氏從哪裏來

我們每個人都有自己的姓。很多人只知道自己從父母和祖輩那裏繼承了姓氏，卻並不知道自己最早的先祖是誰。所以，很多人都希望了解自己姓氏的起源。

讓我們一起來查查「中華姓氏起源錄」吧！

爺爺，我們姓鄧，那我們姓氏的發源地是哪裏呢？

同祖同宗是炎黃，同根同脈是漢唐
橫平豎直方方正正的中國字
爹娘生養我華夏之邦
天地君親堂堂正正的中國心
香火鼎盛我華夏之邦
百家姓裏你姓李我姓張
骨血裏淌的都是黃河長江
百家姓裏你姓趙他姓王
心臟裏裝的都是龍族榮光

——《百家姓》歌詞

下面這張表列出了一些常見姓氏的發源地。請你在地圖上標出它們的位置，看它們主要分佈在哪裏呢？

中華姓氏起源錄

1. 白姓——河南省信陽市
2. 蔡姓——河南省駐馬店市
3. 曹姓——山東省菏澤市
4. 常姓——山東省滕州市
5. 陳姓——河南省周口市
6. 程姓——陝西省咸陽市
7. 崔姓——山東省濟南市
8. 鄧姓——河南省鄧州市
9. 丁姓——山東省淄博市
10. 董姓——山東省濟寧市

11. 杜姓——陝西省西安市
12. 段姓——河南省新鄉市
13. 范姓——河南省濮陽市
14. 方姓——河南省禹州市
15. 高姓——河南省新鄭市
16. 顧姓——河南省濮陽市
17. 郭姓——河南省登封市
18. 韓姓——陝西省韓城市
19. 郝姓——山西省太原市
20. 侯姓——山西省臨汾市
......

我姓曹，我們的姓氏發源於山東省。

我們韓姓發源於陝西省。

原來我們的姓氏發源地都在黃河流域呢！

你來圈出你的姓氏的發源地吧！看看是不是和我們一樣都起源於黃河一帶呢？

世人常說，中國有「百家姓」。事實上，據不完全統計，中國人的姓氏有近六千個。其中，漢族的許多姓氏都發源於黃河流域的中原地區，所以民間有「天下漢姓，中原尋根」之說。

一個馮姓小朋友，通過查閱文獻了解到，自己的馮姓就發源自黃河流域，具體在今天的河南省偃師市。春秋末期，鄭國有個大夫叫簡子，因封地在馮城（今河南省偃師市東南部），人稱其為馮簡子。傳說馮簡子是一個小事糊塗、大事明斷的人，治理鄭國頗有建樹。馮簡子的後代就以封地的名稱馮作為姓氏，將馮簡子奉為馮氏的始祖。

你想不想知道，歷史上與自己同一個姓氏的傑出人物有哪些呢？

中華民族的先民主要居住在黃河中下游平原一帶。這裏曾經湧現出一代又一代的英雄人物和古聖賢明。幾乎每一個姓氏的人都可以在與自己同姓的祖先中找到英雄楷模。例如，軍事家孫武，史學之父司馬遷，大詩人杜甫，書法家王羲之，畫家張擇端，愛國武將岳飛……

除了在國內遷徙之外，還有很多中華兒女遠遷海外，並取得了驕人的成績。例如，新加坡前總理李光耀和吳作棟、美國物理學家丁肇中和李政道、美國能源部前部長朱棣文、美國勞工部前部長趙小蘭和美國華裔政治家駱家輝等。

朱棣文
1948 年生
美國能源部前部長

丁肇中 1936 年生
美國實驗物理學家

趙小蘭 1953 年生
美國勞工部前部長

李政道 1926 年生
諾貝爾物理學獎獲得者

李光耀 1923 年生
新加坡前總理

駱家輝 1950 年生
美籍華裔政治家

我的血系中有一條
黃河的支流。
——余光中
（中國台灣詩人）

吳作棟
1941 年生
新加坡第二任總理

甲骨文的傳奇命運

甲骨文因刻在獸骨和龜甲上而得名，屬於象形文字。甲骨文是現代漢字的雛形，從甲骨文到現代漢字的轉變，就像一個從具體形象的圖畫抽象概括出其意的過程一樣。

▼「山」字的演變字體

甲骨文

金文

小篆

楷體

▲近現代書法家還以甲骨文為原型創作書法

現在，我們都知道，甲骨文是中國最古老的一種成熟文字。可是，當初人們並不認識甲骨文。這讓甲骨文有了一段傳奇的命運。

清朝時候，在河南省安陽市小屯村，老百姓種地的時候經常會刨出一些骨頭片子。一開始，大家隨手就把這些骨頭扔掉了。後來，村裏有人偶然發現這些骨頭磨成粉末能治病，就認定這是一種藥材，並給它們起了個好聽的名字——龍骨。於是，大家爭相搜集販賣龍骨。

後來，龍骨被賣到了北京城，金石學家王懿榮看到了龍骨上的刻痕，當即認定龍骨上的刻痕是古代的文字，並把它們叫作甲骨文。這樣，龍骨改叫甲骨，成為身價百倍的文物。

▲甲骨文

為甚麼甲骨文是在安陽市小屯村被挖到的呢？

安陽是商代晚期的都城殷都的所在地。商朝曾在這裏建都達273年。甲骨文上的記錄也證實，殷都是商朝晚期的政治、經濟和文化中心。甲骨文上的內容大多是王室貴族占卜時的記錄。今天，人們在安陽市小屯村附近建立了殷墟遺址公園，供人們研究和感受我國商朝時期的歷史與文化。

黃河岸邊古都多

安陽殷墟是中國最早的帝都遺址。但黃河岸邊的古都可不止安陽一個！

中國上下五千年，歷朝歷代都有自己的都城。每一座都城都是當時的政治、經濟、軍事和文化中心，並且各自有着自己獨特的風貌。目前大家普遍認為中國有八大古都：北京、南京、西安、洛陽、開封、杭州、安陽和鄭州。在下面的地圖裏找找看，有哪些古都在黃河流域呢？

安陽

開封

西安　　洛陽　鄭州

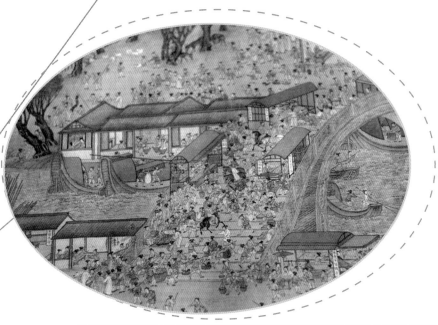

你找對了嗎？八大古都中有五個在黃河流域，它們是安陽、鄭州、西安、洛陽和開封。

安陽	商、曹魏、後趙、冉魏、前燕、東魏、北齊曾在此建都
鄭州	夏、商、管、鄭、韓曾在此建都
西安	西周、秦、西漢、新莽、東漢、西晉、前趙、前秦、後秦、西魏、北周、隋、唐曾在此建都
洛陽	夏、商、西周、東周、東漢、曹魏、西晉、北魏、隋、唐、武周、後梁、後唐曾在此建都
開封	夏、魏、後梁、後晉、後漢、後周、北宋、金曾在此建都

黃河岸邊的人

窰洞裏的電報

滴，嘟，滴，嘟……這是抗日戰爭時期延河岸邊的電報聲。

已經是深夜了，在黃河岸邊的窰洞裏，電報聲還不時響起。毛澤東和周恩來等人不時地收到各方電報，他們根據電報的信息研究討論戰爭形勢，並指揮前線的戰鬥。

▲在陝北的窰洞裏，毛澤東和周恩來等人收到機要科送來的電報後，馬上看地圖進行戰略部署。

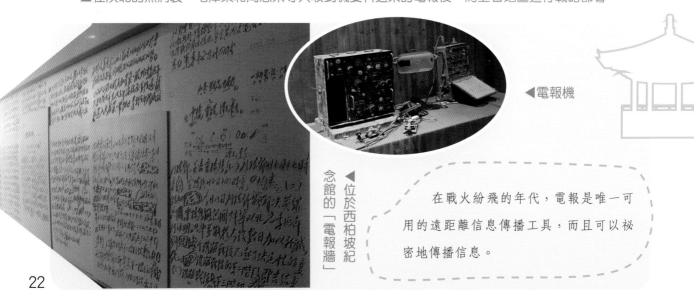

◀電報機

◀位於西柏坡紀念館的「電報牆」

在戰火紛飛的年代，電報是唯一可用的遠距離信息傳播工具，而且可以祕密地傳播信息。

1934 至 1947 年，以延安為中心的陝北高原是中共中央所在地。

當時，毛澤東、周恩來等領導人都住在黃土高原上的窰洞裏。在延安的 13 年，中國共產黨及其領導的革命隊伍逐步積累經驗、壯大力量，取得了一個又一個勝利。今天，人們讚譽陝北高原為「革命老區」，把延安稱為「革命聖地」，並把窰洞讚為「中國革命的搖籃」。

如果你現在到延安去，還能參觀當年毛澤東和周恩來等革命領導人居住過的窰洞呢！

▲毛澤東舊居

◀窰洞住起來冬暖夏涼，又節約能源，所以被譽為中國式的「綠色建築」！

▶窰洞內景

窰洞，作為一種穴居方式，已經有四千多年的歷史了，幾乎與中華文明的歷史等長。

在中國的陝西、甘肅和寧夏一帶，有天然形成的厚厚的黃土層。當地人民利用這一自然地理條件，鑿洞而居，建造了窰洞。今天，窰洞類型多樣化，有的是倚靠山崖鑿洞而成，有的是在地面上向下挖洞而成，有的是在平地上建蓋洞穴而成。有的窰洞組合在一起形成院落，有的連綿一片形成村落。

腰鼓敲起來

自漢代以來，陝北高原上就有了腰鼓這種舞蹈形式，其中尤以安塞的腰鼓最為有名。安塞腰鼓是一種民間大型舞蹈藝術形式，它就像黃土地上掀起的狂飆，震撼人心，展示了黃土高原上人民樸素而豪放的性格，廣受國內外民眾的歡迎。

看！

一捶起來就發狠了，忘情了，沒命了！百十個斜背腰鼓的後生，如百十塊被強震不斷擊起的石頭，狂舞在你的面前。驟雨一樣，是急促的鼓點；旋風一樣，是飛揚的流蘇；亂蛙一樣，是蹦跳的腳步；火花一樣，是閃射的瞳仁；鬥虎一樣，是強健的風姿。黃土高原上，爆出一場多麼壯闊、多麼豪放、多麼火烈的舞蹈哇——安塞腰鼓！

這腰鼓，使冰冷的空氣立即變得燥熱了，使恬靜的陽光立即變得飛濺了，使困倦的世界立即變得亢奮了。

使人想起：落日照大旗，馬鳴風蕭蕭！

使人想起：千里的雷聲萬里的閃！

使人想起：晦暗了又明晰、明晰了又晦暗，爾後最終永遠明晰了的大徹大悟！

容不得束縛，容不得羈絆，容不得閉塞。是掙脫了、衝破了、撞開了的那麼一股勁！

好一個安塞腰鼓！

——劉成章《安塞腰鼓》（節選）

安塞腰鼓歡慶跳躍，氣勢恢宏，樸素而又豪放。

安塞腰鼓有如黃河傾瀉而下般的氣勢。

2009 年，17 歲的陝北小伙小崔十分激動，因為他和父親同時被選中參加腰鼓隊，準備在國慶節的時候到天安門廣場表演腰鼓。要知道在安塞，從七八歲的小孩兒到七八十歲的老人都能敲腰鼓。因此，能夠被選中十分幸運！國慶節前夕，由安塞一千多名農民組成的隊伍坐車來到了北京。一下火車，小崔就激動不已地在火車站的站台上敲起了腰鼓，來往的旅客都停下腳步觀看。小崔興奮地告訴周圍觀看的旅客：「我們是咱們中華人民共和國 60 週年國慶遊行中唯一一支從京外來的遊行隊伍，也是最大的一個農民方陣。到時看我們的表演啊！」

安塞腰鼓隊為甚麼能夠被選中參加國慶遊行呢？

安塞腰鼓號稱「天下第一鼓」，受到國內外人們的喜歡，並經國務院批准列入第一批國家級非物質文化遺產名錄。

安塞腰鼓源自黃土高原，與中國革命歷史淵源頗深。

南腔北調黃河口

在黃河入海口的墾利縣，街邊，幾戶人家聚在一起聊天。一個年輕人說：「我爺吃的是古扎。」旁邊的一個大娘答他：「你爹吃的扁食，那你吃的啥？」一個大爺插話：「你大呢？還在家吃包子呢？咋不出門呢？」

這是在說甚麼呢？你知道嗎？

在墾利縣，大家對同一件事情、同一件物品和身份角色相同的人都有不同的叫法和稱呼。例如，年輕人說的「古扎」、大娘說的「扁食」和大爺說的「包子」，都是指我們平常吃的水餃。年輕人說的「我爺」是「我爸爸」的意思，大娘和大爺都聽懂了他的話，但是大娘把「爸爸」稱為「爹」，大爺把「爸爸」叫作「大」。

原來，以墾利縣為代表的黃河入海口一帶是黃河的「移民區」。黃河攜泥帶沙行程萬里進入渤海，並在入海口一帶淤積，造就新的土地。歷史上，這片新土地上不斷有來自全國各地的移民遷入，開始新的生活。於是大家南腔北調，沒有統一的口音。而墾利縣處於黃河入海口最靠海的位置，口音最為多樣。

▲入海口黃河水與海水交匯時的情景

◀入海口的濕地景觀

事實上，不僅黃河入海口的語言是南腔北調的，整個黃河流域的語言都是南腔北調的。俗話說，「一重山一重音，一條河多道音」。正是因為不一樣，我們才能夠欣賞到豐富多樣的方言。當然，各地方言之間又有相同或相似的地方，而隨着人口流動，不同的方言之間也在交融變化。最重要的是，這些不同的方言都屬於一種共同的語言 —— 漢語。漢語是世界上使用人數最多的語言。

漢語有九大主要方言，包括官話方言、吳方言、晉方言、淮方言、贛方言、湘方言、閩方言、客家方言和粵方言。

漢語有標準語和方言之分，全國推行的現代標準漢語即普通話，以北京語音為標準音，以官話為基礎方言，以典範的現代白話文著作為語法規範。

近年，中國舉辦的「漢語橋世界大學生中文比賽」吸引着越來越多的世界各地的青年人參與。同時，中國在世界各地舉辦的「孔子學院」的數量也與日俱增。

保衞母親河

城上城的由來

　　黃河岸邊有一座歷史名城——開封城，開封城以「城上城」聞名於世，今天開封城的下方還埋藏着七個古城池呢！

　　開封是中國八大古都之一，曾有多個朝代在此建都。同時，開封緊靠黃河南岸。每一次黃河水決堤氾濫，開封城都免不了被河沙淹沒。就這樣，一個朝代的都城被淹蓋了，新的朝代又在此建都。一座城池疊着一個城池，於是開封城就成了「城上城」……

▼今日開封城中軸線上的御街和龍亭公園曾經是古代皇家的宮殿和主要通道

黃河，是一條世界聞名的多沙河流。黃河流經中游的黃土高原時，大量的泥沙流入河水；到下游時，黃河水量變小，河道變寬，大量的河沙淤積下來。時間一久，淤積的泥沙就抬高了河牀，甚至使河床高於兩岸的平地，成為「地上懸河」，這樣，黃河水就很容易向周圍氾濫。

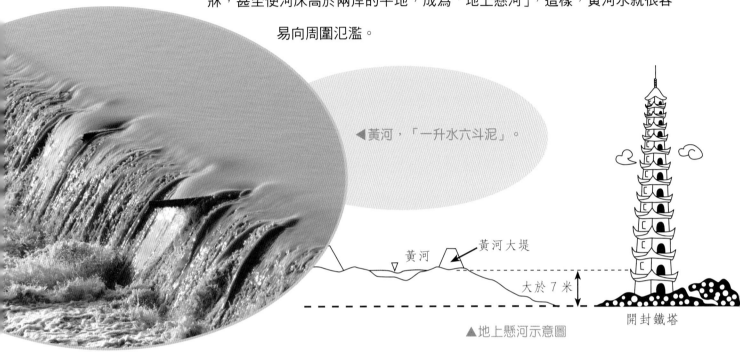

◀黃河，「一升水六斗泥」。

黃河　黃河大堤

大於 7 米

開封鐵塔

▲地上懸河示意圖

中華人民共和國成立以前，黃河曾多次氾濫。據史料記載，從先秦到民國時期的 2500 年間，黃河下游曾發生決口氾濫 1500 多次。每次黃河決口氾濫都一發不可收拾，給兩岸人民帶來慘重的損失。輕者，河水淹沒農田，造成人民流離失所；重者，河水淹沒成片的村莊，成千上萬的人被洪水吞沒。所以，治理黃河歷來是關係國計民生的大事。

▲被黃河水淹沒的景況

有人說：「黃河裏的泥沙是中華民族的乳汁。」你怎麼理解這個說法？
1. 泥沙淹沒了周圍的土地之後，土地獲得了新的養料。
2. 泥沙淹沒了人們的房屋之後，人們必須重新蓋新的房屋，使居住環境得到了更新。
…………

奔流到海不復回

君不見，黃河之水天上來，奔流到海不復回。
君不見，高堂明鏡悲白髮，朝如青絲暮成雪。
人生得意須盡歡，莫使金樽空對月。
天生我材必有用，千金散盡還復來。
烹羊宰牛且為樂，會須一飲三百杯。
岑夫子，丹丘生，將進酒，杯莫停。
與君歌一曲，請君為我傾耳聽。
鐘鼓饌玉不足貴，但願長醉不復醒。
古來聖賢皆寂寞，惟有飲者留其名。
陳王昔時宴平樂，斗酒十千恣歡謔。
主人何為言少錢，徑須沽取對君酌。
五花馬，千金裘，
呼兒將出換美酒，與爾同銷萬古愁。

——李白

1.

媽媽，我們今天學了李白的詩——黃河之水天上來，奔流到海不復回！

2.

媽媽，黃河一定很壯觀，我想去看看黃河！

3.

孩子，黃河的水比較混濁，含沙量巨大。

4.

媽媽，我們該如何保護黃河呢？

在 1972 至 1999 年間，黃河在其中的 22 年裏發生了季節性斷流，且情況一年比一年嚴重。在枯水期，黃河由滔滔之水變成涓涓細流，繼而留下龜裂的河床。黃河幾乎變成了一條季節河，甚至有變為內陸河的危險。這種情況直到 2000 年才有所改觀⋯⋯

▼黃河枯水期龜裂的河床

▲黃河乾枯的景象

黃河水哪兒去了？

黃河水少沙多，再加上一些年份雨水補給不足，整個黃河流域的水資源本身就不充足。同時人們用水不斷增多，整個黃河流域也缺乏對黃河水的統一調度與管理，一些河段大量引灌或截流黃河水，這使得黃河斷流。

黃河斷流，對我們有甚麼影響呢？

黃河斷流意味着整個黃河流域的生態環境都在惡化，尤其嚴重的是造成下游土地的荒漠化，使得兩岸生物數量和種類急劇減少。

黃河斷流會直接威脅到下游地區的經濟發展和人們的生存。因為缺少黃河水的供給，人們的生活和生產都會受到極大的限制。

黃河是中華民族的母親河。每一位中華兒女都希望能夠永保母親的青春活力。可以說，黃河斷流之痛，一定會痛在所有中國人的心中。所以，我們要保護和愛惜母親河。

行動起來，拯救黃河！

　　古代民間有「治黃河者治天下」之說。意思是誰能治得了黃河，就有能力治理天下；反過來，誰要想治理天下，就不得不治理黃河。因為黃河是關乎無數人民生計的大河。這充分說明了治理黃河的重要性和困難程度。今天，在各國水土保持學和相關領域的專家眼裏，黃河治理依然是一項國際難題。

　　2001年，我國政府提出了21世紀治理黃河的目標——堤防不決口，河道不斷流，污染不超標，河床不抬高。目前，黃河治理已經取得了明顯的效果——

1. 通過多次加高加固黃河下游的堤防，黃河再未決口。
2. 通過植樹造林，黃河中上游的水土流失現象得到了明顯改善，進入黃河的泥沙量也在逐年減少。
3. 通過統一調度黃河水資源，黃河水的浪費和污染現象得到了有效控制。

　　　　……

▼ 2011 年 7 月，黃河小浪底水庫開閘調水調沙。

黃河治理進行時

1998 年，在看到黃河斷流越發嚴重的情況下，北京林業大學關君蔚先生率先發起了一項「院士行動」，聯合中國科學院和中國工程院的 163 位院士聯名向海內外中華兒女鄭重發出呼籲——行動起來，拯救黃河！

行動起來，拯救黃河

　　如果您是中華兒女，那麼，請您投入到這場拯救黃河的行動中來，從自己做起，從一點一滴做起。

　　如果您是一位領導，那麼，請您加強全局觀念，發動所管轄的一切人員積極參與拯救黃河的行動，節約用水，種樹植草；表揚獎勵那些模範單位和個人，制止那些由於局部利益和眼前利益有損於可持續發展的一切行動。

　　如果您是一位編輯、記者、作家、教師、藝術家，那麼，請您發揮各自特長，告訴廣大公眾拯救黃河的偉大意義，告訴廣大公眾植樹種草的極端重要性，及時報道在拯救黃河中所湧現出來的先進事跡和英雄人物。

　　如果您是一位實業家，那麼，請您在拯救黃河時盡可能提供財力、物力，以便盡快使黃河復流。

　　如果您是一位科技工作者，那麼，請用您的智慧去研究如何解決黃河斷流問題，並請盡快提出解決黃河斷流和水土流失的建議或方案。

——朱蘭琴《黃河 300 問》

33

我為黃河母親「梳妝」

　　黃河是中華民族的母親河，每一位中華兒女都希望母親能永保青春活力。現在，請走近黃河，展開調查，並給出你的治理方案吧！

活動一：走近黃河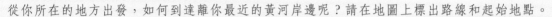

從你所在的地方出發，如何到達離你最近的黃河岸邊呢？請在地圖上標出路線和起始地點。

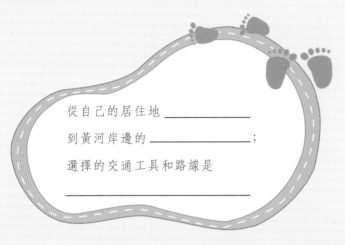

從自己的居住地 _____
到黃河岸邊的 _____；
選擇的交通工具和路線是
_____

活動二：小調查

到達黃河岸邊後，通過自己觀察和訪問兩岸的居民，發現所在黃河段面臨的治理問題有哪些，用照相機和紙筆記錄下來。

訪談1：

　　黃河岸邊的王大爺：黃河現在污染非常嚴重，成為附近農業污水和生活污水的主要排放渠道。由於污染嚴重，河水不進行處理就不符合飲用標準，而且被污染的黃河水還影響到了地下水，嚴重影響了周圍居民的身體健康。

訪談2：

_____

_____

_____

_____

_____

_____

活動三：制訂治理方案

走訪和諮詢所在地區的黃河水利委員會或有相關經驗的人士，並且查找和閱讀各方面資料，針對你所發現的問題制訂相應的黃河治理方案。

針對黃河治理問題，我有好方法：

1. 查找污水源，關閉排污口。
2. 禁止人們向河中倒垃圾。
3. _____
4. _____

我的家在中國・山河之旅⑤

黃河之水
天 上 來 ｜黃河

檀傳寶◎主編　馮婉楨◎編著

責任編輯：吳黎純　楊 歌

裝幀設計：龐雅美

排　版：陳先英

印　務：劉漢舉

出版 / 中華教育

香港北角英皇道 499 號北角工業大廈 1 樓 B

電話：（852）2137 2338

傳真：（852）2713 8202

電子郵件：info@chunghwabook.com.hk

網址：https://www.chunghwabook.com.hk/

發行 / 香港聯合書刊物流有限公司

香港新界荃灣德士古道 220-248 號

荃灣工業中心 16 樓

電話：（852）2150 2100

傳真：（852）2407 3062

電子郵件：info@suplogistics.com.hk

印刷 / 美雅印刷製本有限公司

香港觀塘榮業街 6 號

海濱工業大廈 4 樓 A 室

版次 / 2021 年 3 月第 1 版第 1 次印刷

©2021 中華教育

規格 / 16 開（265 mm x 210 mm）